后浪

亚马逊森林的故事

[巴西]阿拉甘姆·阿尔甘塔拉 摄影
[法]约翰妮·贝纳德 文　陈剑平 译

北京联合出版公司
Beijing United Publishing Co.,Ltd.

1

亚马逊森林

亚马逊森林位于南美洲，纵深670万平方千米。主要涵盖巴西和秘鲁两国，也包括玻利维亚、哥伦比亚、厄瓜多尔、委内瑞拉、圭亚那、苏里南和法属圭亚那的一部分。全世界最长的河流亚马逊河[1]（7000多千米）贯穿而过，形成了举世闻名的亚马逊热带雨林。

---

1 英文原名是Amazon River，音译为“亚马孙河”，或者“亚马逊河”。现行中国教材采用“亚马孙河”。由于本书为电影“亚马逊萌猴奇遇记”主题图书，为了保持一致，特选取“亚马逊河”这一翻译。“亚马逊森林”同理。——编者注

处女之林
原始之林

亚马逊森林1亿多年的历史使其成为地球上最古老的原始森林。在这里存在至少60,000种植物、2000种鸟类和鱼类、400种各类哺乳动物，以及不计其数的两栖动物和数以百万计的昆虫——这还不算那些还没有被人们分门别类的动植物，这些使亚马逊森林成为世界上最古老而又最丰富的生态系统之一。

这里的植被繁茂密集，四季常青，得益于温暖湿润的气候，这里的树木一年四季都可以开花结果，养育了众多的鸟、猴、蝴蝶、蚂蚁和蛇，等等，与之共同组成了亚马逊森林大家庭。

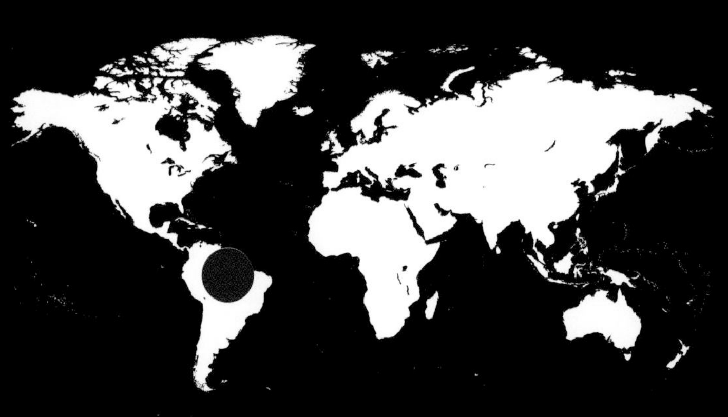

亚马逊森林位置

亟待保护的丛林

人们把那些尚未开发或者受到影响的森林叫做原始森林。可这样的森林目前在地球上越来越少了。根据植物学家推测，如果不加以妥善保护，原始森林将会在2020年左右从地球上彻底消失。

热带雨林

亚马逊森林是世界上最大的热带雨林，它占世界热带雨林面积的50%。亚马逊森林全年降雨量从未低于2000毫米，有的时候甚至超过8000毫米。在这里只有两个季节：干季和湿季，也就是夏季和冬季。其实，不论在夏季还是在冬季，亚马逊森林的气温都始终保持在27摄氏度上下！季节的更替也只不过是降雨量多少的差别而已。在冬季，倾盆的大雨冲刷着亚马逊地区，淹没了大部分的丛林，这种天气也迫使动物们不得不适应这样的气候。每年，将近65，000平方千米的丛林在6个月中彻底被淹没在河水之中。

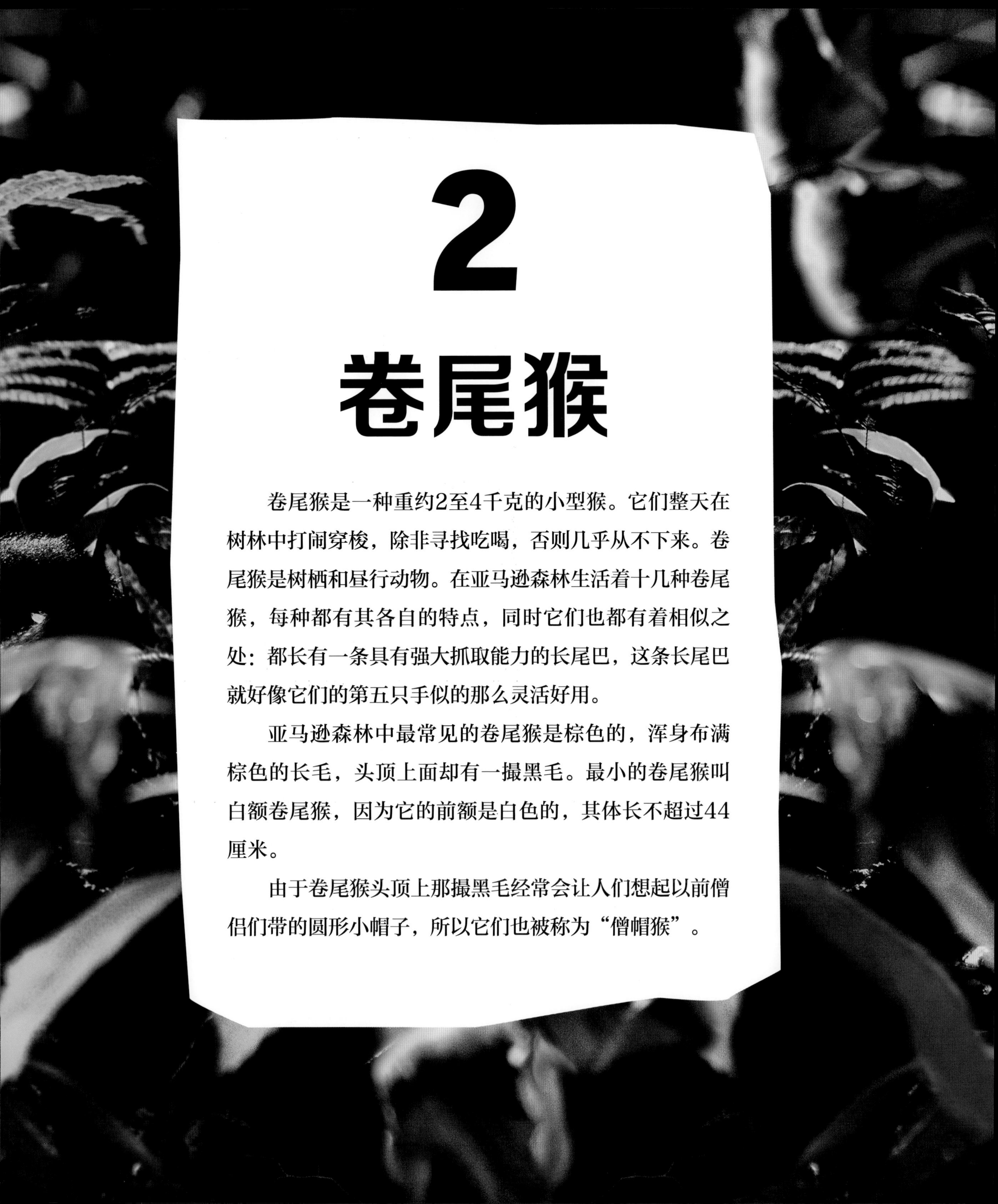

2

卷尾猴

卷尾猴是一种重约2至4千克的小型猴。它们整天在树林中打闹穿梭，除非寻找吃喝，否则几乎从不下来。卷尾猴是树栖和昼行动物。在亚马逊森林生活着十几种卷尾猴，每种都有其各自的特点，同时它们也都有着相似之处：都长有一条具有强大抓取能力的长尾巴，这条长尾巴就好像它们的第五只手似的那么灵活好用。

亚马逊森林中最常见的卷尾猴是棕色的，浑身布满棕色的长毛，头顶上面却有一撮黑毛。最小的卷尾猴叫白额卷尾猴，因为它的前额是白色的，其体长不超过44厘米。

由于卷尾猴头顶上那撮黑毛经常会让人们想起以前僧侣们带的圆形小帽子，所以它们也被称为“僧帽猴”。

卷尾猴的习性

卷尾猴是群居动物，一般每群有6至40只。包括带着幼猴的雌猴和若干雄猴。雄性卷尾猴中年龄最长的一般担任整个群落的首领。

首领的作用是保护本群免受其他群落或其他动物的袭击，这些动物包括美洲豹、蟒蛇和热带大雕等。同时，首领的行为对于整个群落也会产生很大的影响，群落里的每一个成员都会尽量模仿它的一举一动。有趣的是，首领享有第一个用餐的权利，甚至还有优先选择伴侣的特权。

雌性卷尾猴每两年孕育一个幼猴，孕期一般为150天。如果幼猴不幸夭折，雌猴便会在次年再添新丁。从出生那一天起，幼猴就紧紧依偎在妈妈身边，不是抓着尾巴就是握着爪子，等稍大一点，它们就会爬到妈妈的背上待着。雌性幼猴经过4年，雄性幼猴经过7至8年就会成年。

在人工圈养的情况下，卷尾猴的预期寿命可达45岁左右，在野外环境下，它们的寿命一般在10至25岁之间。

卷尾猴的一天

除了午后的小憩，卷尾猴一整天大部分时间都在忙着觅食。晚上它们会选择一处距离地面25至30米的树枝睡觉，以免受其他野兽的袭扰。在众多树木当中，它们尤其喜欢棕榈树。闲暇的时候，卷尾猴最喜欢的就是互相梳理毛发，这对于它们来说可是一个联络感情、互相减压的好机会。试想，在一场不愉快的纷争之后，有“人”过来抚慰抚摸一番岂不美哉！

卷尾猴一天之中18%的时间在睡觉，21%的时间在活动，剩下61%的时间是在觅食。

卷尾猴靠四肢攀爬、跳跃，每天的活动量能达到近2千米。对于卷尾猴来说，领地是非常重要的，它们会竭尽全力去捍卫。一群卷尾猴的领地一般在2.5到3.5平方千米左右。有意思的是，卷尾猴从不和其他种类猴群混居，但却对松鼠猴网开一面，它们可以相伴一起去寻找食物。

卷尾猴的食谱

卷尾猴是杂食类动物。虽然它们最爱吃的是熟透了的甜甜的果子，但也吃种子、植物、花蜜、昆虫、蜘蛛、鸟蛋或像壁虎和青蛙那样的小动物。在干季，它们主要吃棕榈果。在享受这些美味佳肴的同时，卷尾猴难免把它们的种子撒得到处都是，从而自然而然地也成了保护亚马逊森林生态系统的一份子。

卷尾猴非常聪明，它们会利用工具帮助自己进食：比如，用石头砸碎坚硬的果壳；用树枝掏树洞来抓捕昆虫或取出蜂蜜；把叶子拢在一起去接雨水；它们甚至还懂得通过在皮毛上蹭上蜈蚣的分泌物来防止蚊虫叮咬。其实，这些是它们从小就开始慢慢学会的技艺。要知道它们有时要用半个小时和上百次的敲击，才能得到树干上的一颗巴西栗！

卷尾猴是如何交流的

卷尾猴的交流方式可以说多种多样，它们或用表情，或用手势，有时甚至是大喊大叫。卷尾猴能发出的声音达到29种之多。其中最容易辨别的是提醒同伴免受袭击的叫声。除此以外，口哨、大吼、低叫和打呼等各种声音在卷尾猴群落中也是此起彼伏。

为了配合每一种声音，卷尾猴还会做出各种不同的表情，比如晃头、瞪眼、龇牙和缩头，等等。

卷尾猴的交流方式不但丰富，而且它们还会把两个完全不同的声音以及声音与表情结合起来。例如，一个正在雌猴身边的雄猴，当它看到有其他雄猴接近时，能在向雌猴发出爱抚声音的同时，向这个试图接近的雄猴发出警告的声音，让它不要靠近。

卷尾猴还会通过嗅觉来进行联络，它们会在各自的手上和脚上洒上尿液，这样就会在经过的树叶上留下气味，群落中的其他成员就不会掉队了。

卷尾猴的表情

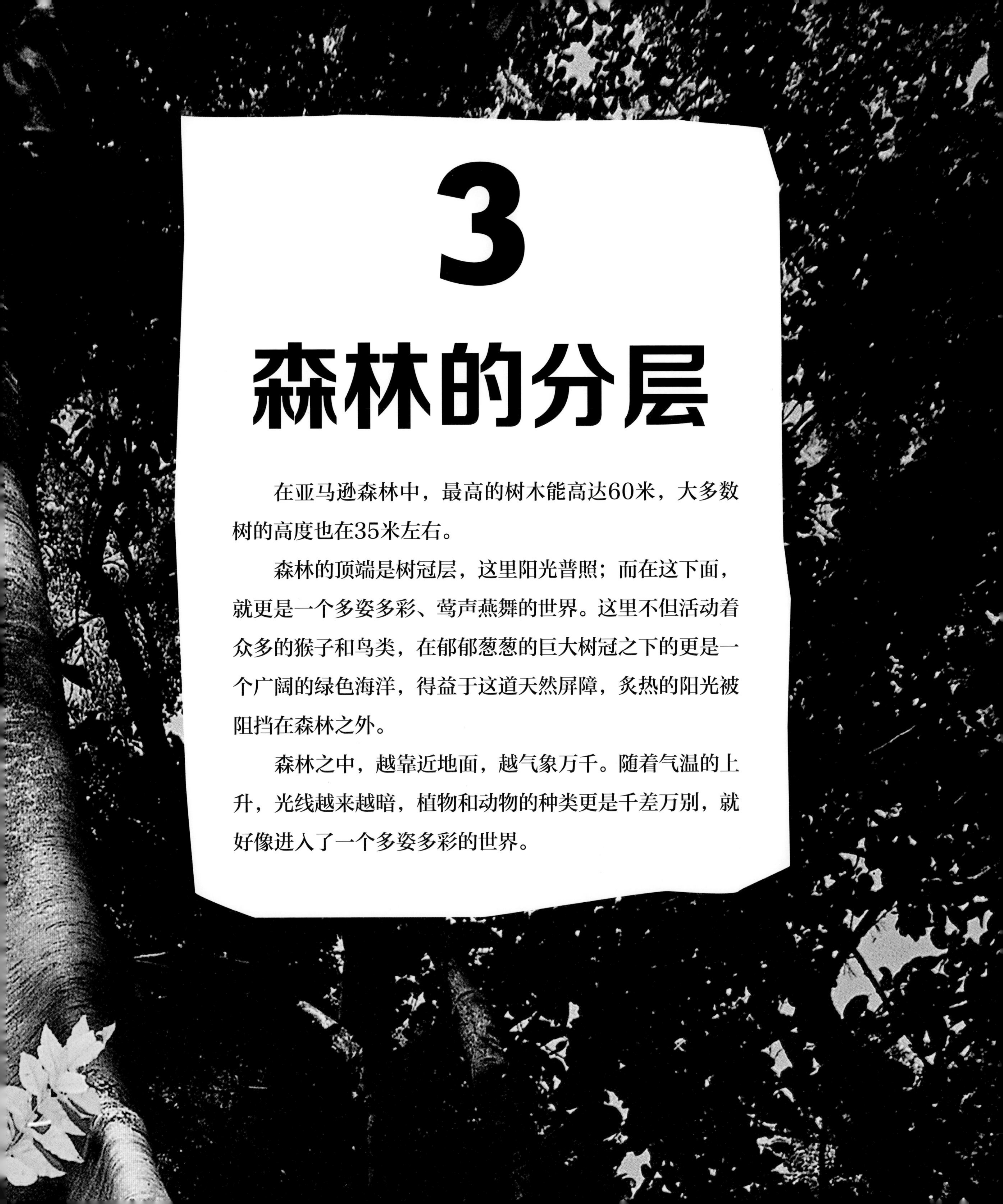

3

森林的分层

在亚马逊森林中，最高的树木能高达60米，大多数树的高度也在35米左右。

森林的顶端是树冠层，这里阳光普照；而在这下面，就更是一个多姿多彩、莺声燕舞的世界。这里不但活动着众多的猴子和鸟类，在郁郁葱葱的巨大树冠之下的更是一个广阔的绿色海洋，得益于这道天然屏障，炙热的阳光被阻挡在森林之外。

森林之中，越靠近地面，越气象万千。随着气温的上升，光线越来越暗，植物和动物的种类更是千差万别，就好像进入了一个多姿多彩的世界。

亚马逊森林分三层
第三层
森林之冠
35至60米之间
这一层阳光普照
第二层
林中之木
10至35米之间
这一层万物竞发
第一层
森林之基
10米以下
这一层昏暗无光

第一层
森林之基

这一层潮湿阴暗，枝杈丛生，落叶和腐土密布。

太阳几乎照不到这一层，这里的阳光还不到树冠处的1%。所以，这里的一切都是暗绿的。因此，当你一踏进森林时，几乎什么都辨别不清。由于这里的湿度高达80%，所以空气变得沉重，呼吸变得困难。同时，由于动植物的腐烂，又酸又臭。

植物 26页

夜行动物 32页

地上的小世界 28页
昼行动物 30页
河边动物 34页
河中动物 36页
亚马逊红河豚 38页
河中植物 40页

第一层
森林之基

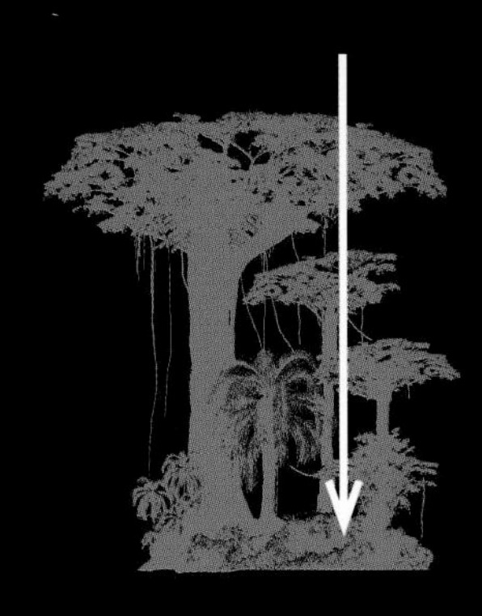

植物

森林之基拥有着树木的巨大根茎和宽达6至9米的树围。持续的湿度和温度使这一层完全变成了植物的天堂。在这里，人们可以发现大量的蔓生植物。它们缠绕在树干上，向各个方面攀爬；它们又环环相扣，互相缠绕。在这里，能看见苔藓、禾木蕨类和千奇百怪的蘑菇，但花却没有那么多。

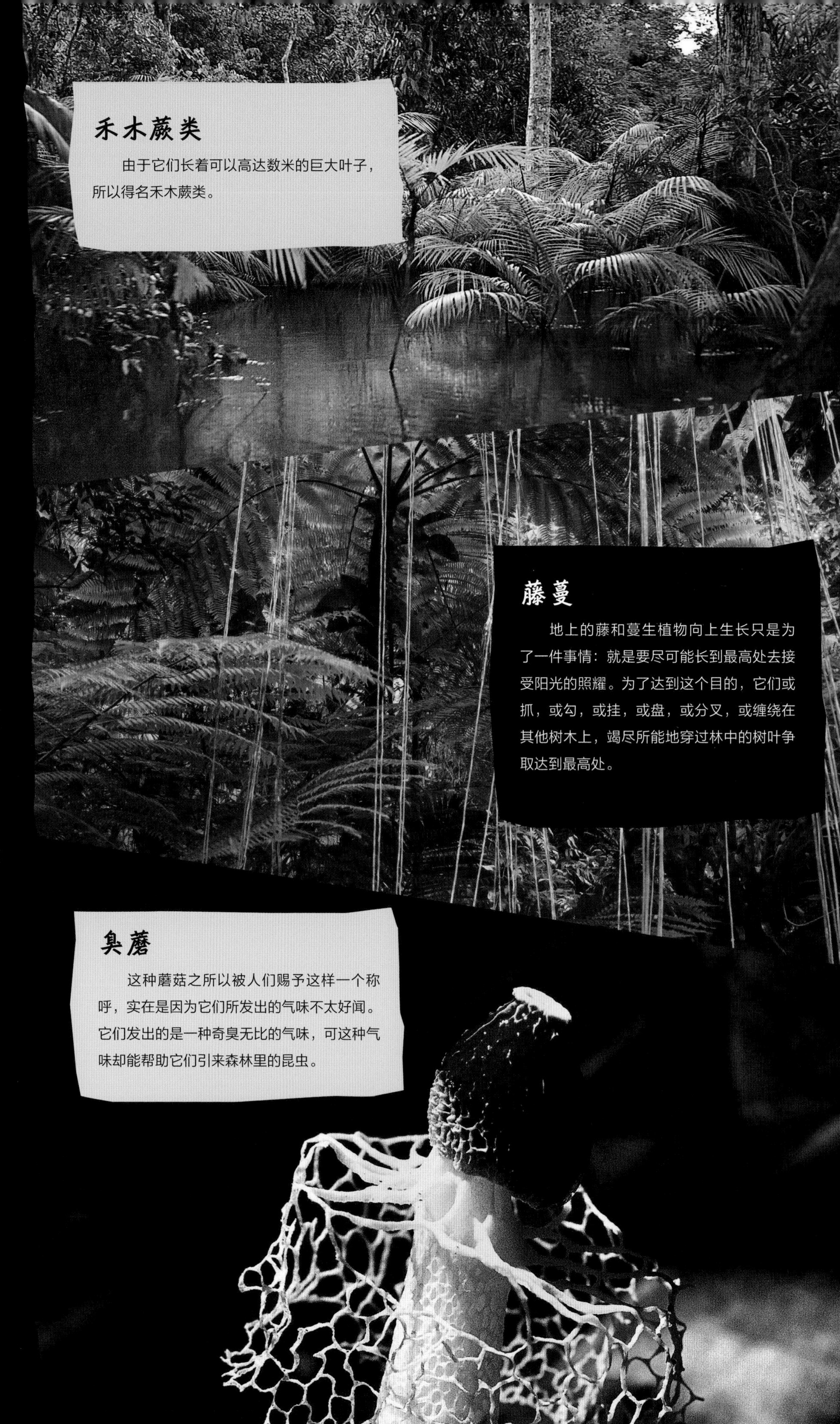

禾木蕨类

由于它们长着可以高达数米的巨大叶子，所以得名禾木蕨类。

藤蔓

地上的藤和蔓生植物向上生长只是为了一件事情：就是要尽可能长到最高处去接受阳光的照耀。为了达到这个目的，它们或抓，或勾，或挂，或盘，或分叉，或缠绕在其他树木上，竭尽所能地穿过林中的树叶争取达到最高处。

臭蘑

这种蘑菇之所以被人们赐予这样一个称呼，实在是因为它们所发出的气味不太好闻。它们发出的是一种奇臭无比的气味，可这种气味却能帮助它们引来森林里的昆虫。

寄生植物

森林中另外一种植物是寄生植物，它们中有的是以其他树木的树根为养分的来源，有的则是攀爬到已经成形的树木上吸取养分，最后甚至还会让这些原本寄居的树木窒息而死。

比如，鸟类会把勒颈无花果的种子传播到树木的中层或高层的树冠上。这样，勒颈无花果就会慢慢生长，并且从上向下朝地面伸下根去，同时会附着在它所寄生的树干上。随着它逐渐长大，吸取养分，所依附的树木慢慢就会窒息而死。就这样，无花果长大了，宿主树木却死了，最终在勒颈无花果的不断缠绕中只留下一层空壳。

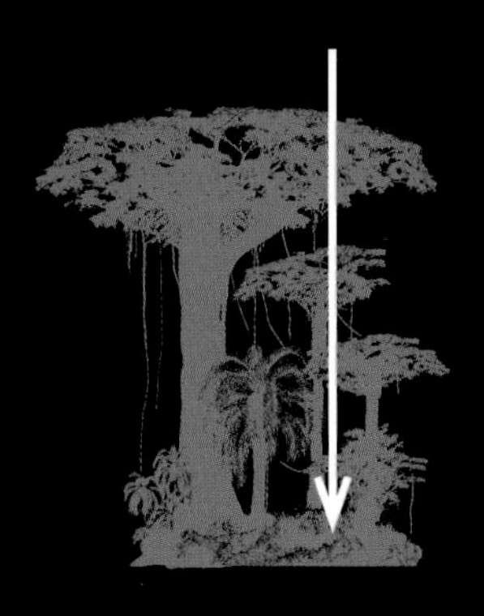

地上的小世界

在地上，人们会发现一个琳琅满目、络绎缤纷的完美昆虫世界，藏在众多的腐叶、蘑菇、幼苗和盘根中，在这里，你会发现蚂蚁、象虫、甲虫、螳螂，以及蜘蛛和蝎子等。

一公顷的森林就能养育多达
***42 000** 种的昆虫*

蜘蛛

亚马逊森林里的蜘蛛生活得十分惬意。得益于温暖湿润的气候，丛林里生活着各式各样的蜘蛛，最引人注目的要算是狼蛛了。狼蛛是世界上最大的蜘蛛，拥有850个品种。它们都有一个共同的特点，就是爪子上长有能感知颤动的毛。有了这个功能，它们就会在晚上觅食时很好地感知猎物的方位了。为了自卫，有很多种蜘蛛具有危险性，如毒蜘蛛的身上长有刺毛——不过这可真要小心，千万不要自己伤到自己啊！

第一层
森林之基

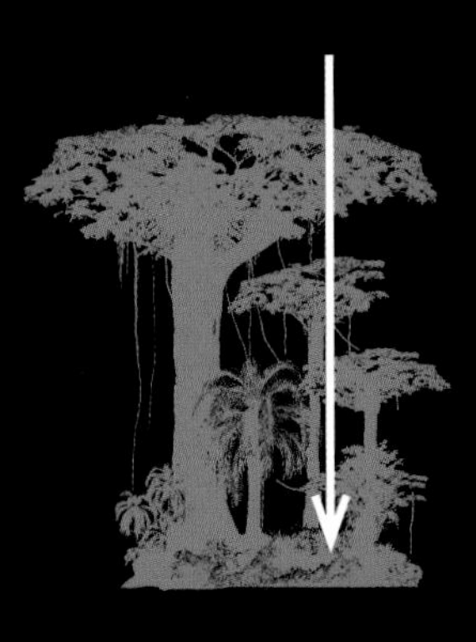

昼行动物

森林的底层是大型哺乳动物和诸如美洲豹等猛兽的天下，知道这一点，就不难理解生活在树上的动物为什么都不愿意下到地上来了。

南美浣熊

作为浣熊家族的一员，南美浣熊喜欢群居，并且一点也不凶。它们是杂食性动物，也就是说，它们既吃动物，也吃植物。白天，南美浣熊下到地上来寻觅食物；但在午休和晚上睡觉的时候，它们都躲到树上来避免袭扰。这时，它们或在一条树枝上悠闲地躺下来，或在一个大树杈上团成一个团。

美洲野猪

美洲野猪是野猪的近亲，它的外形就像一个小野猪。美洲野猪基本是素食动物，它们有时也吃点昆虫，尤其比较偏爱蚱蜢和甲虫。

大食蚁兽

大食蚁兽浑身长着大约40厘米长的硬毛。它们有一个小脑袋，却长着一个长舌头。凭借这个舌头，大食蚁兽能在很短的时间内，从土里吃进大量的昆虫和白蚁。在不觅食时，它们一天能睡多达16个小时！

美洲豹

美洲豹有森林之王的美誉。它们是美洲大陆最大的猫科动物。美洲豹非常善于游泳和攀爬，因此很多动物都会成为它们的盘中餐：貘（mò）、树懒（lǎn）、水豚、鱼、水獭（tǎ）、浣熊、蛇，甚至还有卷尾猴！美洲豹白天和晚上都去猎食，尤其喜欢在靠近水边的地方溜达。

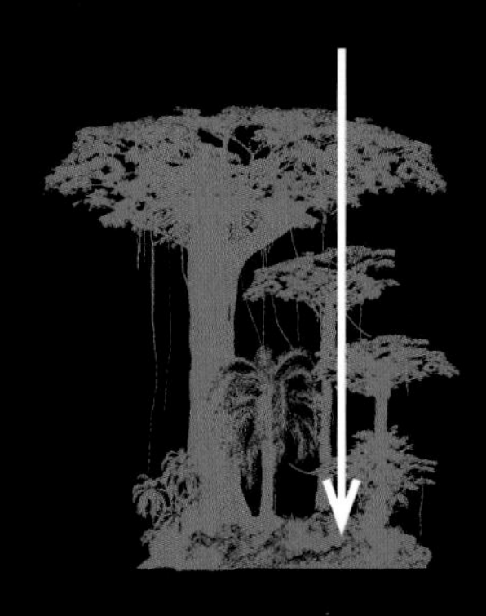

夜行动物

亚马逊森林里的夜晚来得很快，所以在夜幕降临、昼行动物都去找一个安全的地方休息的时候，森林里就会变成夜行动物的天下。这些夜行动物能在黑夜里看清楚周围的一切，并能在黑暗中活动和捕食。

刺豚鼠

刺豚鼠是一种夜行啮齿类动物。它们一般喜欢吃种粒、根茎、叶子等，有时甚至也来点小昆虫。

大犰狳（qiú yú）

大犰狳背上长着三层甲，乍看起来，它就好像生在恐龙那个时代。确实，它是一种拥有着5500万年历史的古老物种！大犰狳喜欢吃虫子，只在夜里活动，并且喜欢独来独往。在遇到危险的时候，大犰狳会立马缩回到它的盔甲里，并在地上迅速挖个洞钻进去。

豹猫

豹猫是一种猫科动物，中等体型，浑身长着斑点，大约重12千克。豹猫一般喜欢白天在树上休息，晚上出来在地上猎食。作为一种食肉动物，豹猫的食谱是多样的：小啮（niè）齿类动物、负鼠、美洲野猪、鸟、爬行动物和鱼等。

美洲狮

美洲狮是一种喜欢独处的食肉类动物，喜欢在清晨或暮色中狩猎。美洲狮奔跑时，既快速又安静，实在是一个天生的猎手。为了捕食猎物，美洲狮可以不用助跑就跳到5米多高。

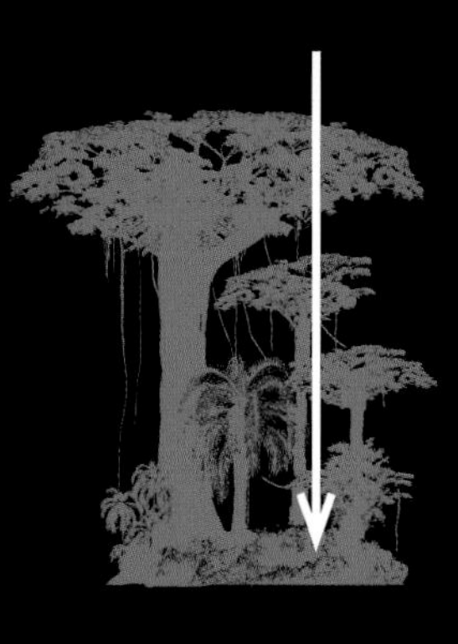

河边动物

因为亚马逊河贯穿森林，所以一年之中有一半时间，两边的河岸会被淹没在河水之中。这样长期在河边生活的动物就自然而然具有两栖性——它们既可以在水中也可以在陆地上生活，因此人们也叫它们半水栖动物。

南美森蟒

南美森蟒是世界上最大的蟒蛇之一，雄性森蟒体长可达8米！南美森蟒属于亚马逊地区5种蟒蛇之一，其重要的特点就是大部分时间待在水里。在水中的时候，它就只露出两只眼睛和鼻孔。在捕猎的时候，南美森蟒也像红尾蟒一样，通过缠绕窒息的方法让猎物慢慢地死去。南美森蟒一般捕杀啮齿类动物，如水豚，也捕杀貘、鱼类、乌龟、鸟类等，听说也袭击人类！

水豚

水豚是世界上最大的啮齿类动物，体长1至1.5米，重约50千克。当感到危险的时候，它会跳入水中，并且能够在水中长时间潜泳，只是在需要换气的时候才会出来，就像河马一样。

貘

貘有一个巨大的身子，还长着一个很奇特的鼻子。貘可以借助这个鼻子去进食叶子、果子和水生植物。成年的貘有时甚至可以长到2米多，体重可以达到300千克！貘一般喜欢待在水里，夜晚的时候也愿意在陆地上活动。

黑色凯门鳄

黑色凯门鳄是世界上最大的鳄鱼，也是亚马逊森林大型狩猎者之一。它的体长可达6至7米，喜欢捕食鱼类、龟、鸟、貘、水豚，有时甚至还敢挑战美洲豹和蟒蛇。在狩猎时，黑色凯门鳄习惯先把猎物在水中溺死，然后一口吞下去，连嚼都不喜欢嚼。除黑色凯门鳄外，亚马逊森林中也拥有其他种类的鳄，但一般体型偏小，长度在2米左右。

大水獭

大水獭长着带蹼的爪子、扁平的尾巴和不透水的皮毛，可以说，它们简直就是为水而生的。大水獭体长2米，在亚马逊河经常能看到。大水獭是群居动物，通常3至9只为一群嬉戏玩耍。它们的食谱一般包括哺乳动物、鸟类和脊椎类动物，大水獭尤其喜欢捕猎南美食人鱼。

河中动物

虽然亚马逊河表面看起来一片安静祥和，可河水中却难说平静，有时甚至充满危险。比如，把一只脚放进河水里，其实就会有很大的风险，没准就会偶遇食人鱼、电鳗鱼或其他大点的鱼类。当然亚马逊河里也不乏平和的鱼类，比如亚马逊海牛或亚马逊红河豚。

在亚马逊流域有大大小小 ***1 000*** *多条河。*

食人鱼

食人鱼的牙齿又尖又利，所以，也难怪它的名声不太好。其实，食人鱼也只是在每年干季、河水下降、食物不太好找的时候才比较危险。食人鱼一般喜欢成群捕食，有时一群食人鱼甚至能将一整只哺乳动物吃掉。而它们也只不过是嗅到了一丝血腥而已，短短几分钟之内，整个猎物就会被吃得几乎连骨头渣都不剩了。

巨滑舌鱼

巨滑舌鱼是世界上最大的淡水鱼，目前最大的标本体长能达到3米，重达300千克。巨滑舌鱼吃各种鱼类，它们还会用坚硬的鳞片当天然的锉刀。

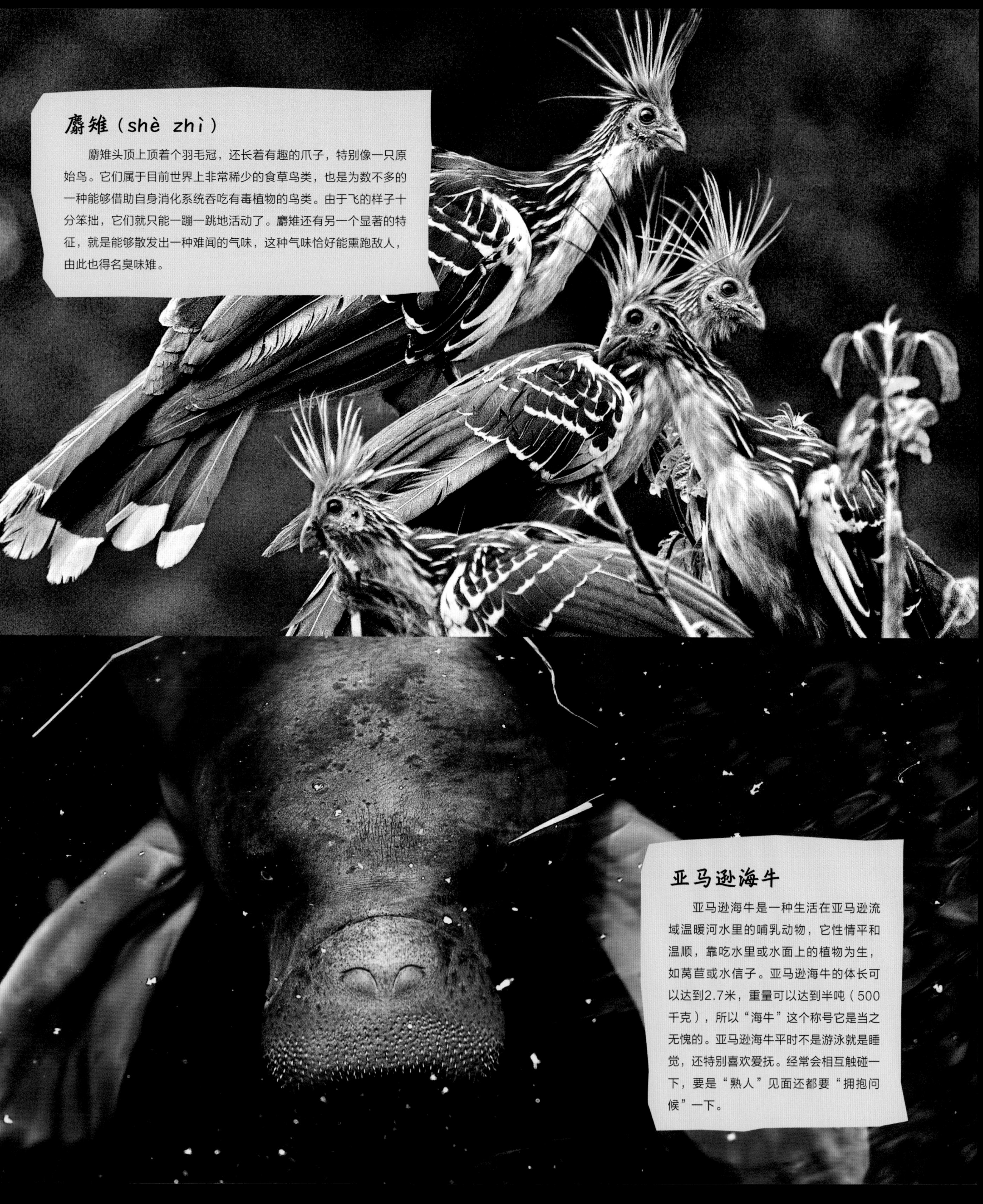

麝雉（shè zhì）

麝雉头顶上顶着个羽毛冠，还长着有趣的爪子，特别像一只原始鸟。它们属于目前世界上非常稀少的食草鸟类，也是为数不多的一种能够借助自身消化系统吞吃有毒植物的鸟类。由于飞的样子十分笨拙，它们就只能一蹦一跳地活动了。麝雉还有另一个显著的特征，就是能够散发出一种难闻的气味，这种气味恰好能熏跑敌人，由此也得名臭味雉。

亚马逊海牛

亚马逊海牛是一种生活在亚马逊流域温暖河水里的哺乳动物，它性情平和温顺，靠吃水里或水面上的植物为生，如莴苣或水信子。亚马逊海牛的体长可以达到2.7米，重量可以达到半吨（500千克），所以“海牛”这个称号它是当之无愧的。亚马逊海牛平时不是游泳就是睡觉，还特别喜欢爱抚。经常会相互触碰一下，要是“熟人”见面还都要“拥抱问候”一下。

第一层

森林之基

亚马逊红河豚

亚马逊红河豚是一种生活在亚马逊流域河、湖或岸边的淡水豚。它们的颜色呈粉红色，体长约2至2.5米，喜欢吃鱼、龟和螃蟹。亚马逊红河豚身体非常灵活，甚至能转动90度角，这就使它们能毫不费劲地在岸边的水草中任意穿梭。但它们的视力却比较有限，它们是用一种回声定位的内部声纳系统在水中定位猎物。它们会发出一种声波，当声波碰到周围的障碍物后会反射回波，借助这种方式它们就能测算出物体的方位了。

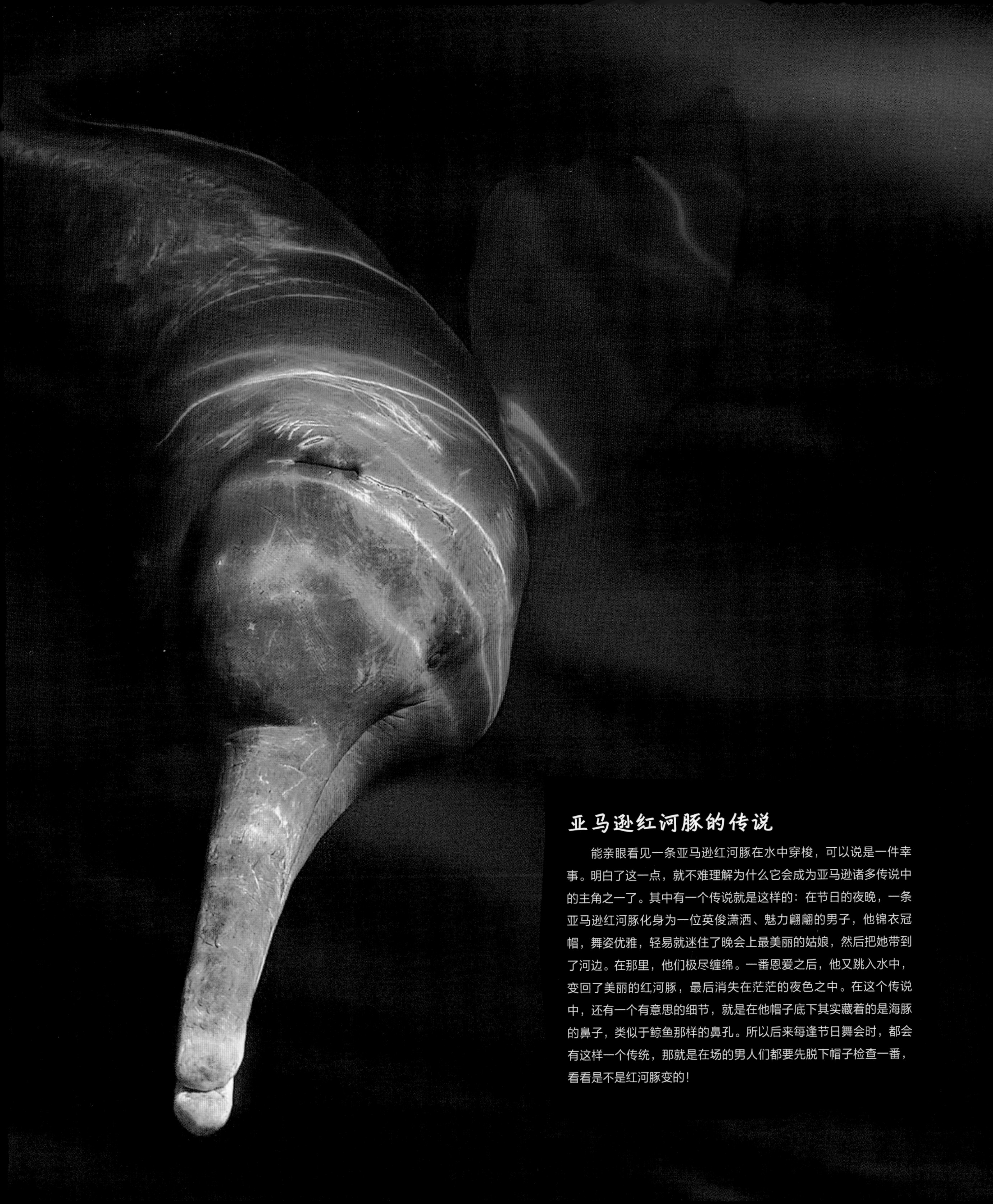

亚马逊红河豚的传说

能亲眼看见一条亚马逊红河豚在水中穿梭，可以说是一件幸事。明白了这一点，就不难理解为什么它会成为亚马逊诸多传说中的主角之一了。其中有一个传说就是这样的：在节日的夜晚，一条亚马逊红河豚化身为一位英俊潇洒、魅力翩翩的男子，他锦衣冠帽，舞姿优雅，轻易就迷住了晚会上最美丽的姑娘，然后把她带到了河边。在那里，他们极尽缠绵。一番恩爱之后，他又跳入水中，变回了美丽的红河豚，最后消失在茫茫的夜色之中。在这个传说中，还有一个有意思的细节，就是在他帽子底下其实藏着的是海豚的鼻子，类似于鲸鱼那样的鼻孔。所以后来每逢节日舞会时，都会有这样一个传统，那就是在场的男人们都要先脱下帽子检查一番，看看是不是红河豚变的！

第一层
森林之基

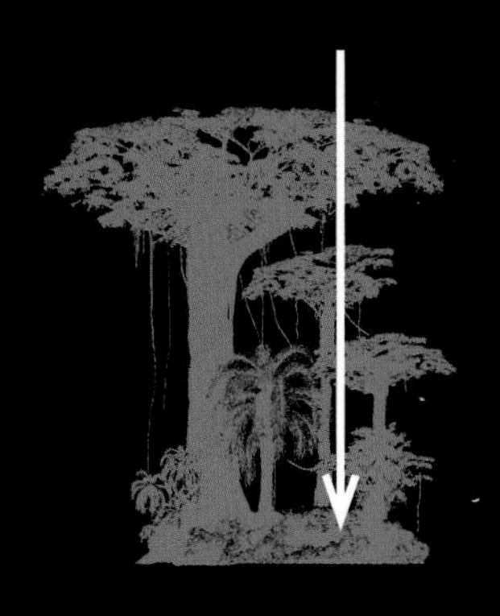

河中植物

虽然河岸上的植物没有那么多，但在亚马逊河里，却有很多浮游植物。这些植物沐浴着温暖的阳光，借助着自身的厚根和河水的滋养，竞相生长。在河里的某些地方，各式各样的植物甚至会连成一片，这样就形成了真正的浮游植被。

水信子

水信子是一种生长在河里的水生植物，它长得飞快，一天甚至能长2至5米！

睡莲

浮游植被

亚马逊王莲

亚马逊王莲是一种巨大的睡莲，它的叶子直径可达3米，据说上面可以托起一个小孩。

第二层
林中之木

树木在这一层竞相沐浴着阳光。

这一层的树木高度居中，数量众多，有代表性的如棕榈树和橡胶树，当然也包括还在不停生长，可以长得更高的树木。森林里每一公顷能容纳200多种树木，这里面不仅有果树，也包括大量材质珍贵的树木，比如桃花心木、雪松、黄檀木、紫檀木、绿乌木等。各种恣意舒展的藤蔓更是这一层的常客，它们不仅起到输送养分的作用，还会助动物们攀爬时一臂之力，所以你在上面不时能看到猴子、蛇和蜥蜴等。

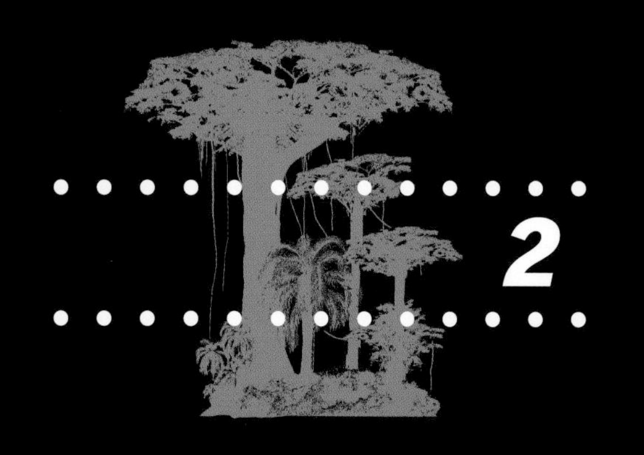

棕榈树 44页

动物 46页
猴子 48页
伪装 50页

第二层
林中之木

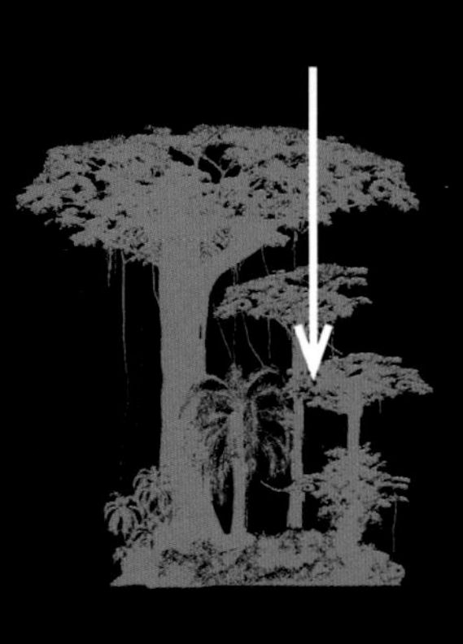

棕榈树

棕榈树不仅对亚马逊地区靠它的果实为生的动物们非常重要，而且对当地那些收集其果实并利用其叶子做屋顶的居民来说也是不可或缺的。棕榈树如此重要，所以一直以来被亚马逊土著印第安人作为圣树，他们相信棕榈树能够带来诸多好处：食物、健康以及盛妆等。

*在亚马逊地区生长有**550**多种棕榈树。*

森林的记忆

据研究，早在白垩纪中期，地球上就有了棕榈树，当时地球上还存在着最后一批恐龙，算起来距今已经有1亿多年了，那个时候热带丛林也已初具规模。所以说，棕榈树跟恐龙时代摇曳作别，又翩翩迎来了众多新物种的诞生：它当之无愧是森林真正的记忆！

桃棕榈树

桃棕榈树能结出一种味道非常鲜美的果实。这种果子很受亚马逊当地人的喜爱，不论是烤还是炒都很美味。人们还经常用桃棕榈树上的刺制作狩猎时吹管里的飞镖。

刺

很多种类的棕榈树树干上长着刺，这些刺作用很大，会保护它们防止昆虫或其他食草动物的袭扰，所以有些棕榈树甚至连叶子上都长着刺。

第二层

林中之木

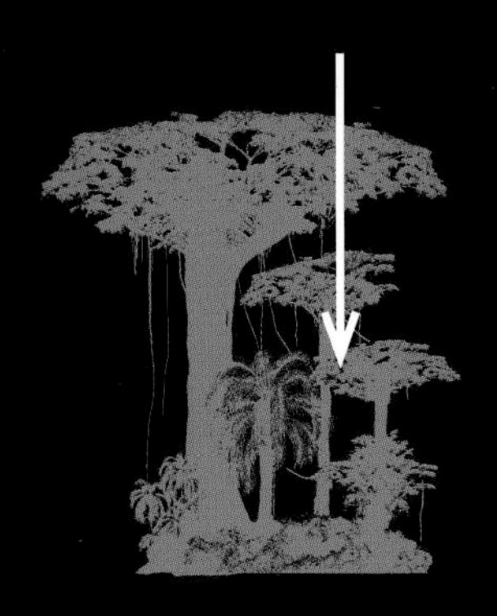

动物

动物们在这一层里可是每天动个不停，不是顺着树木间的藤蔓跳上跳下，就是从一棵树到另一棵树上跑来跑去。在这个中间层，你可以找到很多种动物，这里不仅有蜥蜴、鸟、猴子，还有蚱蜢、蝗虫等不计其数的昆虫。

眼镜猫头鹰

豪猪

绿蟒

鬣蜥（liè xī）

这是一种类似大蜥蜴的爬行类动物，它其实已经在地球上生活近5000万年了！鬣蜥体长可达15米，基本属于食草类动物，主要在树间活动，还非常喜欢晒太阳。借助颈下一个含水的肉垂，它还能调节自己的体温。其实，在森林里还真不太容易见到它，因为它生性多疑，只要有一丁点的声响，马上就会消失在树叶间，无影无踪。可即便如此，由于鬣蜥肉质鲜美，所以也难逃被捕杀作为人们盘中餐的命运。

猴子

这一层的树木上大量鲜美的果子对于猴子们来说可算大快朵颐，所以猴子们自然特别喜欢来到这一层寻找吃的，有些猴子甚至就此住下了。

亚马逊森林中生活着 ***30*** *多种猴子。*

额猴

额猴有一张粉红色的脸蛋，并且如果长时间暴晒在阳光之下，还会变成深红色。

松鼠猴

松鼠猴比较小，体重一般不超过800克，以20至80只为一群生活。它们喜欢活动，每天保持同一条路线，除非为了找水喝或成群结对时，几乎从不到地上来。当遇到危险的时候，它们会用简洁而明脆的叫声来互相提醒。松鼠猴是杂食动物，一般吃昆虫、蛋和果子，有时也抓点儿蜘蛛、林蛙或小鸟之类的小玩意儿。松鼠猴有一点与其他猴子不同，它们的尾巴不是用来辅助运动的，而是用来保暖，它们真是怕冷的小动物哦！

双色獠狨（liáo róng）

看到双色獠狨，还会以为它们掉进了染缸里。它们身体大部分是白色的，可一小部分却是棕色的。双色獠狨是树栖类昼行动物，只生活在亚马逊盆地一小块区域，也就是巴西北部城市玛瑙斯附近。

金狮绢毛猴

金狮绢毛猴体型不大，重约500克，大约25厘米长。金狮绢毛猴得名于其脸部和肩部旁边大量的鬃毛。金狮绢毛猴是杂食性动物，一般喜食花朵、昆虫、汁液等，有时也抓点小蜥蜴、蛇、蛋、鸟、青蛙和蜗牛等。由于现在森林里已经看不到很多金狮绢毛猴了，所以巴西也把金狮绢毛猴作为国宝之一。

黑狐尾猴

这种黑色狐尾猴只在南美洲有，一群有30多只，吃果子和种粒。黑狐尾猴长着一条可达40厘米的长尾巴，它们头部的毛发长得很是别致，就好像长了一圈胡子，还戴了一个滑稽的面具。

第二层
林中之木

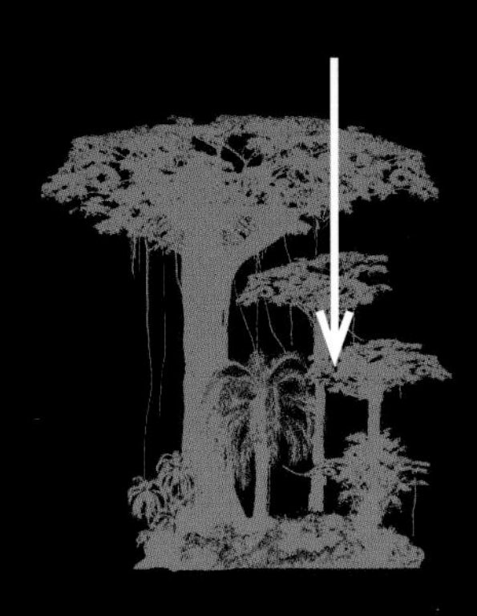

伪装的动物

森林里的生活也不总是晒晒太阳那么简单，动物们为生存也得不停地奔波。为躲避天敌的袭扰，动物们可说是绞尽脑汁，各出奇招：它们有的把自己的颜色变得跟周围一样，有的干脆连自己的形状也变成跟栖身之所那样难辨你我，于是就很难被发现了，这也就是大家常说的伪装术。这种方法在它们待着一动不动的时候绝对是灵验无比，可当它们真想动起来的时候，大家伙要当心啊！妙处还不仅于此，像藤蛇还会利用这种方法给猎物下个套，静等入瓮。

藤蛇

藤蛇，顾名思义，外形像一条藤。这样它就可以守株待“兔”，很难被发现，所以，蜥蜴、青蛙和小鸟们可要当心啊！

第三层
森林之冠

离地50米，
那真是一个姹紫嫣红，
多姿多彩的别样洞天。

树冠层是森林的最高层，这里阳光普照，物种多样，形成了一个独特的生态系统。这一层也是树木、花卉、藤蔓和各种追寻阳光的植物们的天下。在花季，你在这里可以听到蜜蜂、飞虫和各色鸟类们唱响的连绵不绝的森林奏鸣曲。对于昆虫们来说，这里简直就是此生的天堂，所以它们中的一些连下地走走这件事想都懒得想。在这一层，人们也会找到不少地上的动物，比如说老鼠、蜈蚣、蝎子、螳螂，有时甚至还能看见地上的虫子也趴在这里的树杈上。

3

植物 54页

动物 60页

空中的水族馆 56 页
害羞的树 58页
猴子 62页
鸟类 64页

第三层

森林之冠

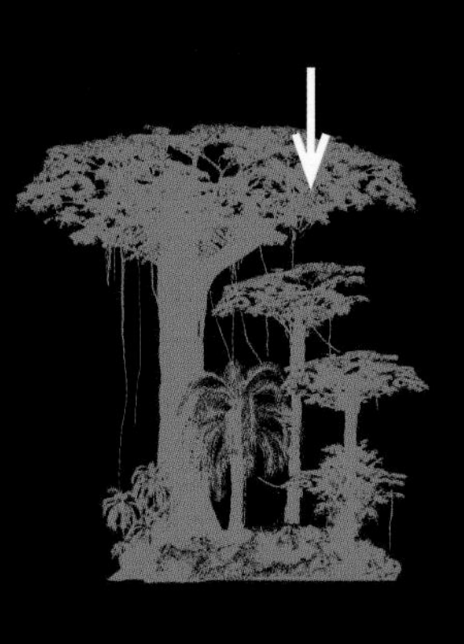

植物

在树冠层人们能欣赏到森林里的参天大树。由于这些树木的树冠远远超过一般的树木，所以人们还把它们叫做“齐天大树”。

吉贝树

吉贝树也叫木棉树，是亚马逊地区最大的一种树木。它高度可达50米，树干上长满了锥形的刺，其果实呈长囊状，悬挂在树上，就像是大的巴旦杏。在这些长囊里包裹着的是一种白色的植物纤维，这就是人们常说的木棉，常常用来填充床垫等。

西番莲

西番莲是一种比较大的攀本植物，可高达15米。西番莲的花美丽大方，但只会开一天，其果实就是有名的百香果。在亚马逊地区，大约生长着400种西番莲科植物。

色彩斑斓的树冠

重蚁木是一种非常高的树。它的叶子每年掉落一次，然后会换上美丽的花朵。重蚁木种类不同，花朵或白、或黄、或粉、或红，煞是好看。在花季，重蚁木的花五彩斑斓地装饰着树冠，实在是美不胜收，这就不难理解重蚁木会成为巴西的另一个象征了。

第三层

森林之冠

空中的水族馆

有一些在树冠上的植物扎根在树上，它们或在树皮上生根，或在树枝或残土里发芽，人们把这些植物叫做附生植物。由于不和土地接触，附生植物为了自身的生长，就从所积蓄的雨水和依附的树枝中去汲取养分。这些植物包括兰花、凤梨、蕨类和仙人掌等。

在一棵树上，人们就能找到 2 000 多种附生植物。

南美凤梨

南美凤梨的叶子比较直，顶端弯曲，能够蓄存多达8升的水。许多生活在林冠的动物都能在它这儿找到水，它自然而然就成为许多昆虫幼虫和青蛙幼苗的家。

名副其实的“水库”

附生植物养育着太多不愿下来的动物，比如树蛙、蛇、蜥蜴等，甚至还有一种螃蟹就只愿意待在附生凤梨上生活。对于鸟类和猴子们来说，找到一个既能解渴，又不用奔波的去处，岂不是一件美事嘛！

兰花

在亚马逊地区生长着超过18，000种兰花科植物，其中许多还有待研究。这种植物很适合在林冠层生长，它们超大的根和茎能够帮助其吸收水分，并且它们的小种子很容易随风飘散。

蝎尾蕉

第三层

森林之冠

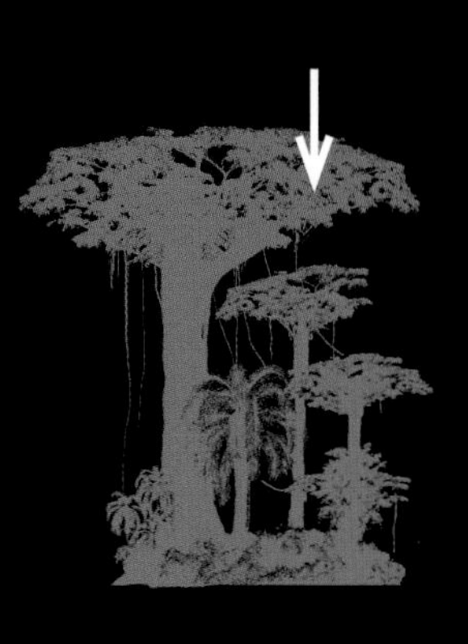

害羞的树

这里，要说一个有趣的现象，就是这一层的树冠几乎很少相连，就好像树木们都互相躲着，不太愿意彼此亲近。这样，从下面看去，树冠间的空隙就逐渐形成一幅美丽的画卷。人们就此把这种现象叫做“害羞的树”。

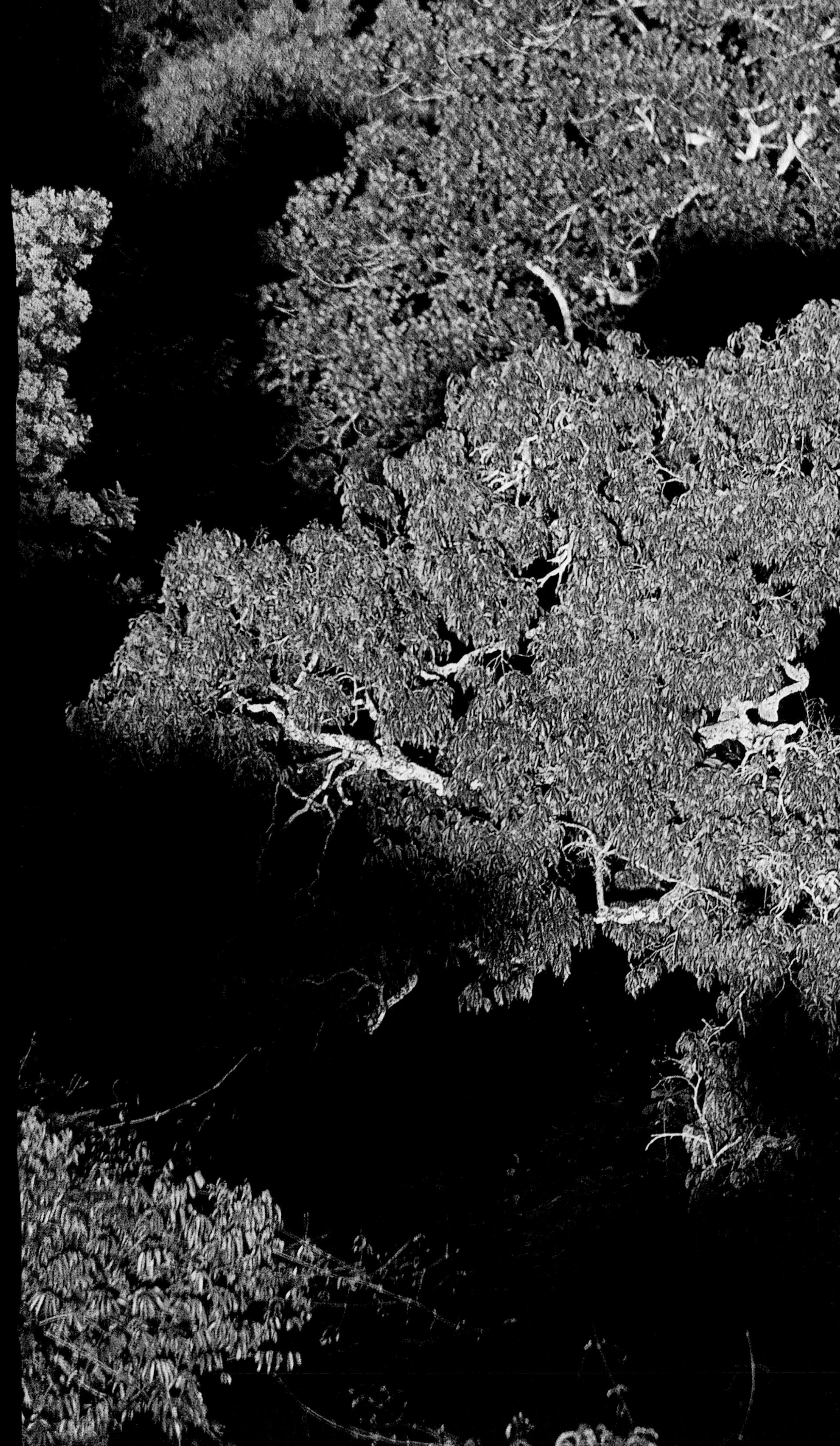

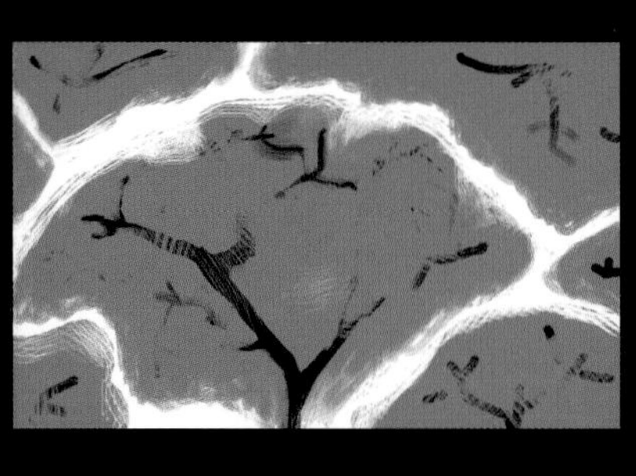

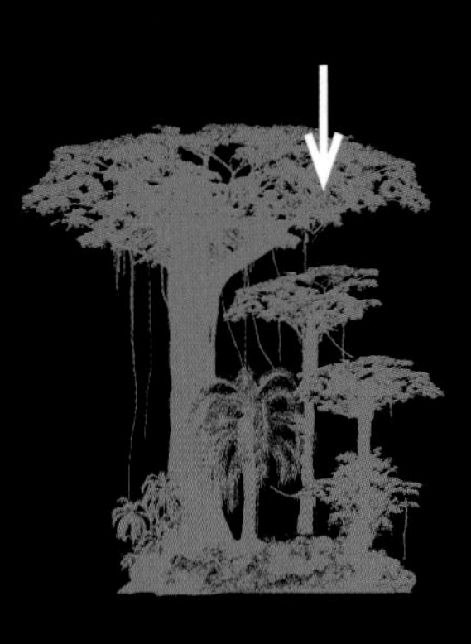

动物

树冠层的食物丰富多样，自然就吸引了为数众多的动物，如猴子、树懒、小型哺乳动物、鸟、蜥蜴、蝙蝠和各色的蝴蝶等。

树懒

树懒是一种喜欢独处的动物，它们整天待在树木的最高处，行动极为缓慢。当它们累了的时候，干脆就倒悬在树枝上，头耷拉着，并且还能就这样挂着长达数月之久！树懒这个名字对于它们来说可一点儿都不冤枉：它们一般80%的时间都在睡觉，其他的时间不是用来找配偶，就是找吃的。树懒是食草类动物，一般喜欢吃叶子、树枝和果子。它们一周只下到地面上一次，就是为了“方便”一下。

蜜熊

蜜熊也是一种喜欢静的动物，它们一般白天找个树洞睡觉，晚上出来觅食。虽然蜜熊也是食肉类动物，但它们也喜欢美味的果汁和花蜜。它们可以用伸缩可达17厘米的舌头舔花蜜吃。传说中，蜜熊也被当成护佑孩子们入睡的保护神，所以直到今天，还能在小孩子们的被子上发现这种小动物的图案。

在亚马逊森林生活着多达 ***7 500*** *种蝴蝶。*

大闪蝶

树冠层的花朵姹紫嫣红、馥郁芬芳，吸引了数不胜数的蝴蝶到此安家。这些蝴蝶中有一种十分引人注目，由于它能在飞行中呈现出好看的蓝色的光，所以人们叫它“蓝色大闪蝶”。

第三层

森林之冠

猴子

大部分的猴子是生活在树顶上的。有时由于林果实在丰富，茂密的枝叶遮挡住了视线，猴子们就得大喊大叫，其实它们是在用叫声传递信息。知道了这一点，就不难理解为什么在这一层猴子们总是特别吵闹。此外，这里的猴子还有另外一个显著的特点，就是它们中很多都长有一个具有强大抓握能力的长尾巴，这条尾巴就好像它们的“第5只手”似的那么好用，有了这条长尾巴，猴子们的活动可真是“如虎添翼”了!

绒毛猴

绒毛猴与蛛猴一样，属于蜘蛛猴的一种。它们行动较慢，以绒毛丝滑著称。

吼猴

在森林里充满的各种叫声中，吼猴的叫声既清晰可辨，又令人难忘。根据不同的亚种，吼猴的颜色或黑或红，以食草或食果为生，一般以10至20只为一群生活。吼猴每天早上就开始叫，与同类发生争执时也叫。总之，森林里每天都少不了吼猴那清脆的叫声！

蛛猴

蛛猴，也是蜘蛛猴的一种。它们一般20只左右为一群，浑身黝黑，主要吃树木上的果子，几乎从不下到地面上来。

第三层
森林之冠

鸟类

树冠层是各式各样的鸟类的天堂。它们林林总总、色彩纷呈，并且羽毛的颜色对于鸟类来说还具有一层特殊的意义：雌鸟也是以“貌”取“人”。

亚马逊地区和印度尼西亚拥有世界上的50%鸟类。

热带大雕

热带大雕是世界上的猛禽之一，也是地球上最大的雕。其翼展可达2.3米，喜欢捕食猴子、浣熊、树懒，也猎取刺豚鼠和南美大鹦鹉。凭借粗壮的嘴和有力的爪子，它们可以从树冠上猛扑下来，抓起重达10千克的猎物，然后拖回树顶的巢穴，捣碎骨头，吞吃一空。它们确实无愧于“猛禽”这个称呼！其实，它们的名字取自希腊神话中鹰身女妖哈耳皮埃，她行动迅猛，血性贪婪，横扫一切。

南美大鹦鹉

南美大鹦鹉是一种色彩斑斓的大型鹦鹉，它的大翅膀使其能在林间快速地飞翔。它长着一个钩形嘴，这样就能轻易地凿开果壳，取出果肉来。南美大鹦鹉一般以20多只为一群，喜欢上百只地聚集起来，沿着亚马逊森林飞翔，沿途捕食。南美大鹦鹉的寿命可达60多岁，并且非常忠贞：一旦结成伴侣，就会终生相守。世界上最稀少的小蓝金刚鹦鹉也是南美大鹦鹉的一种，这种漂亮的蓝色鹦鹉在自然状态下已经消失，但人工还在饲养。

巨嘴鸟

巨嘴鸟以有一个巨大的嘴而著称，这个嘴巴不仅好看，还非常轻便，这一点可能与很多人想的不同。巨嘴鸟会在树洞里筑巢，然后在树枝间蹦蹦跳跳地觅食，它们喜欢吃果子、蛋、昆虫、小壁虎和小蛇等。

蜂鸟

蜂鸟，或叫蝇鸟，是世界上最小的鸟。它能够通过每秒钟扇动80次翅膀来悬停在空中，进而采食花蜜。蜂鸟也是世界上仅有的能倒着飞的鸟。它们中最小的一种不超过6厘米长，重约2克。雌性蜂鸟的蛋甚至都还没有一粒小豌豆大！

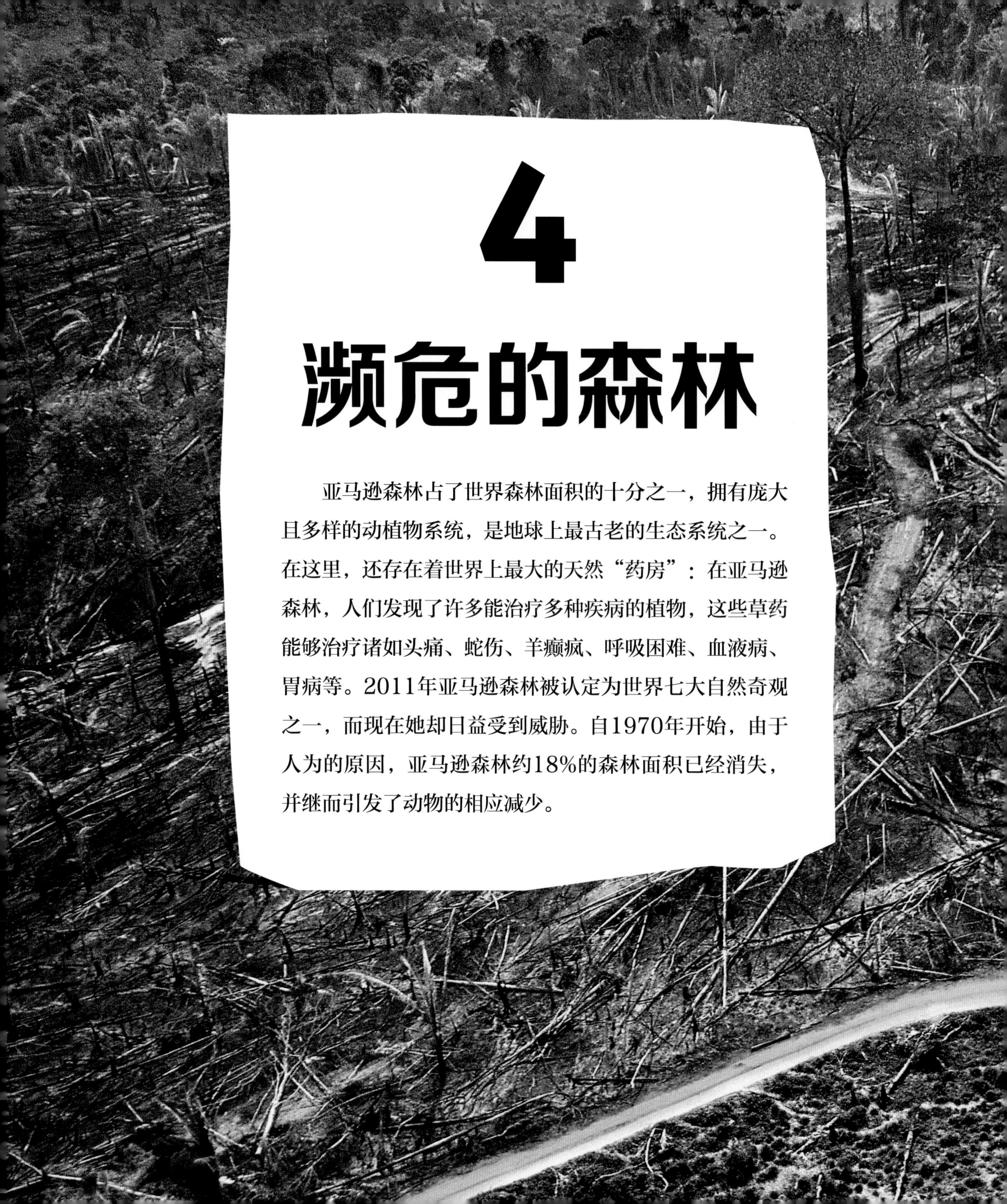

4

濒危的森林

亚马逊森林占了世界森林面积的十分之一，拥有庞大且多样的动植物系统，是地球上最古老的生态系统之一。在这里，还存在着世界上最大的天然“药房”：在亚马逊森林，人们发现了许多能治疗多种疾病的植物，这些草药能够治疗诸如头痛、蛇伤、羊癫疯、呼吸困难、血液病、胃病等。2011年亚马逊森林被认定为世界七大自然奇观之一，而现在她却日益受到威胁。自1970年开始，由于人为的原因，亚马逊森林约18%的森林面积已经消失，并继而引发了动物的相应减少。

正在消失的物种

由于诸如滥砍滥伐、森林大火、过量捕鱼、开辟耕地、随意放牧、贩卖动物和破坏食物链的农药的使用等各种原因，越来越多的动物濒临灭绝。

这些动物包括：大食蚁兽、美洲豹、大犰狳、大水獭、亚马逊红河豚、绿蟒、额猴、双色獠狨、金狮绢毛猴、树懒、大闪蝶、绒毛猴、蛛猴、热带大雕等。

美洲豹

大食蚁兽

金狮绢毛猴

绿蟒

双色獠狨

绒毛猴

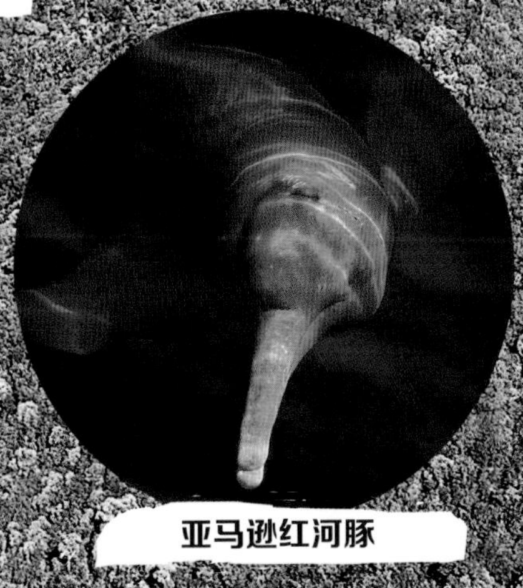

亚马逊红河豚

热带大雕

《亚马逊萌猴奇遇记》

蒂埃里 · 拉格贝尔 电影作品

BILOBA 与 GULLANA 公司制作
联合摄制：FRANCE 2 CINEMA, LE PECTE,GEDEON，IMOVISION,GLOBO
参与制作：CANAL+，RIOFILME，TELECINE
制作支持：CNC 新技术制作，欧盟媒体制作，PROCIREP-ANGOA，ANCINE，文化部，影视制作中心，教育部,科技创新工作室，NATURA,TETRA PAK
制片：斯蒂法尼 · 米丽埃尔 洛朗 · 博扎德 法比亚诺 · 古拉纳 乔 · 古拉纳 德博拉 · 伊凡诺夫 甘比耶尔 · 拉赛达
合作制片：吕西亚 · 赛布拉 苏珊娜 · 维拉 · 博阿 蒂埃里 · 拉格贝尔 帕布洛 · 多里希拉 让 · 拉巴迪
创　　意：斯蒂芬 · 米列埃尔 吕克 · 马雷斯科
编剧：约翰妮 · 贝纳德 路易丝 · 博洛涅西 路易丝-保罗 · 德桑热 吕克 · 马莱斯科特 蒂埃里 · 拉格贝尔
艺术指导：阿拉甘姆 · 阿尔甘塔拉
图像：玛尼埃尔 · 特郎 古斯塔夫 · 海巴 杰罗姆 · 布维耶
摄影：让娜 · 吉罗特
音响：埃里克 · 博斯都 米克亚斯 · 摩塔 弗朗西斯 · 沃涅尔 奥利佛 · 关纳德
剪辑：布鲁诺 · 库莱斯
原创音乐：布鲁诺 · 谷莱

本书图片来源

本书图片由阿拉甘姆 · 阿尔甘塔拉提供
© Araqu é m Alcântara
www.araquem.com.br
araquem@ araquem.com.br

以下图片来自于电影《亚马逊萌猴奇遇记》
（蒂埃里 · 拉格贝尔）
第14页，第16页（h，b），第18页（h，m，b），第45页（d），第50页（hg，hd，b），第54页（b），第65页（b）
© BILOBA Films/Gullame/France 2/Le Pacte

图书在版编目（CIP）数据

亚马逊森林的故事 / (巴西) 阿尔甘塔拉摄 ; (法) 贝纳德文 ; 陈剑平译.
— 北京 : 北京联合出版公司,2015.9
ISBN 978-7-5502-6145-7

Ⅰ. ①亚… Ⅱ. ①阿… ②贝… ③陈… Ⅲ. ①热带雨林 – 南美洲 – 普及读物 Ⅳ. ①S717.1-49

中国版本图书馆CIP数据核字(2015)第213309号

First published in France under the title:
Amazonia, La vie au coeur de la forêt amazonienne
©2013，De La Martinière Jeunesse, a division of La Martinière Groupe, Paris.
Current Chinese translation rights arranged through Divas International, Paris 巴黎迪法
国际版权代理（www.divas-books.com）

本书中文简体版权归属于银杏树下（北京）图书有限责任公司

亚马逊森林的故事

摄影：[巴西] 阿拉甘姆 · 阿尔甘塔拉
文：[法] 约翰妮 · 贝纳德　　译：陈剑平
选题策划：北京浪花朵朵文化传播有限公司
出版统筹：吴兴元　　责任编辑：王　巍
特约编辑：冉华蓉　赵悦彤
营销推广：ONEBOOK　　装帧制造：墨白空间

北京联合出版公司出版（北京市西城区德外大街 83 号楼 9 层　100088）
北京盛通印刷股份有限公司印刷　新华书店经销
字数 14 千字　889 × 1194 毫米　1/12　6 印张
2015 年 9 月第 1 版　2015 年 9 月第 1 次印刷
ISBN 978-7-5502-6145-7
定价：68.00 元

后浪出版咨询(北京)有限责任公司
常年法律顾问：北京大成律师事务所　周天晖 copyright@hinabook.com